SUKEN NOTEBOOK

チャート式
基礎からの 数学II

完 成 ノ ー ト

【三角関数，指数・対数関数】

本書は，数研出版発行の参考書「チャート式 基礎からの 数学II」の
第4章「三角関数」， 第5章「指数関数と対数関数」
の例題と練習の全問を掲載した，書き込み式ノートです。
本書を仕上げていくことで，自然に実力を身につけることができます。

目 次

221102

２０．一般角と弧度法

基 本 例題 132

次の角の動径を図示せよ。また，第何象限の角か答えよ。

(1) 650°

(2) 800°

(3) −630°

(4) −1280°

練習 (基本) 132　次の角の動径を図示せよ。また，第何象限の角か答えよ。

(1) 580°

(2) 1200°

(3) −540°

(4) −780°

基本 例題 133

解説動画

(1) 次の角を，度数は弧度に，弧度は度数に，それぞれ書き直せ。

(ア) $72°$ (イ) $-320°$

(ウ) $\dfrac{4}{15}\pi$ (エ) $-\dfrac{13}{4}\pi$

(2) 半径 4，中心角 $150°$ の扇形の弧の長さと面積を求めよ。

練習 (基本) 133 (1) 次の角を，度数は弧度に，弧度は度数に，それぞれ書き直せ。

(ア) $84°$ (イ) $-750°$

(ウ) $\dfrac{7}{12}\pi$ (エ) $-\dfrac{56}{45}\pi$

(2) 半径 6，中心角 $108°$ の扇形の弧の長さ l と面積 S を求めよ。

21. 三 角 関 数

基 本 例題 134

θ が次の値のとき，$\sin\theta$，$\cos\theta$，$\tan\theta$ の値を求めよ。

(1) $\dfrac{23}{6}\pi$

(2) $-\dfrac{5}{4}\pi$

練習 (基本) **134** θ が次の値のとき，$\sin\theta$，$\cos\theta$，$\tan\theta$ の値を求めよ。

(1) $\dfrac{7}{3}\pi$

(2) $-\dfrac{13}{4}\pi$

(3) $\dfrac{13}{2}\pi$

(4) -7π

基本 例題 135

(1) $\dfrac{3}{2}\pi < \theta < 2\pi$ とする。$\cos\theta = \dfrac{5}{13}$ のとき，$\sin\theta$ と $\tan\theta$ の値を求めよ。

(2)　$\tan\theta = 7$ のとき，$\sin\theta$ と $\cos\theta$ の値を求めよ。

練習 (基本) **135**　(1)　$\pi < \theta < \dfrac{3}{2}\pi$ とする。$\sin\theta = -\dfrac{1}{3}$ のとき，$\cos\theta$ と $\tan\theta$ の値を求めよ。

(2)　$\tan\theta = -\dfrac{1}{2}$ のとき，$\sin\theta$ と $\cos\theta$ の値を求めよ。

基 本 例題 **136**　　　　　　　　　　　　　　　　　　　　　　　　

(1)　等式 $\dfrac{\cos\theta}{1+\sin\theta} + \tan\theta = \dfrac{1}{\cos\theta}$ を証明せよ。

(2)　$\cos^2\theta + \sin\theta - \tan\theta(1-\sin\theta)\cos\theta$ を計算せよ。

練習 (基本) **136**　(1)　次の等式を証明せよ。

(ア)　$\sin^4\theta - \cos^4\theta = 1 - 2\cos^2\theta$

(イ)　$\dfrac{\cos\theta}{1-\sin\theta} - \tan\theta = \dfrac{1}{\cos\theta}$

(2)　次の式を計算せよ。

(ア)　$(\sin\theta + 2\cos\theta)^2 + (2\sin\theta - \cos\theta)^2$

(イ)　$\dfrac{1+\sin\theta}{\cos\theta} + \dfrac{\cos\theta}{1+\sin\theta}$

8

基本 例題 137

$\sin\theta + \cos\theta = \dfrac{\sqrt{3}}{2}$ とする。次の式の値を求めよ。

(1) $\sin\theta\cos\theta$, $\sin^3\theta + \cos^3\theta$

(2) $\dfrac{\pi}{2} < \theta < \pi$ のとき, $\cos\theta - \sin\theta$

練習 (基本) 137 $\sin\theta + \cos\theta = \dfrac{1}{2}$ とする。次の式の値を求めよ。

(1) $\sin\theta\cos\theta$, $\sin^3\theta + \cos^3\theta$

(2) $\dfrac{3}{2}\pi < \theta < 2\pi$ のとき, $\sin\theta - \cos\theta$

重要 **例題 138**

a を正の定数とし，θ を $0 \leqq \theta \leqq \pi$ を満たす角とする。2次方程式 $2x^2 - 2(2a-1)x - a = 0$ の2つの解が $\sin\theta$，$\cos\theta$ であるとき，a，$\sin\theta$，$\cos\theta$ の値をそれぞれ求めよ。

練習 (重要) **138** k は定数とする。2次方程式 $25x^2 - 35x + 4k = 0$ の2つの解が $\sin\theta$，$\cos\theta$ ($\cos\theta > \sin\theta$，$0 < \theta < \pi$) で表されるとき，k の値と $\sin\theta$，$\cos\theta$ の値を求めよ。

２２．三角関数の性質，グラフ

基本 例題 139

次の値を求めよ。

(1) $\sin\dfrac{10}{3}\pi$

(2) $\cos\left(-\dfrac{4}{3}\pi\right)$

(3) $\tan\dfrac{13}{4}\pi$

(4) $\sin\dfrac{17}{18}\pi+\cos\dfrac{13}{18}\pi+\sin\dfrac{7}{9}\pi-\sin\dfrac{\pi}{18}$

練習 (基本) **139**　次の値を求めよ。

(1) $\sin\left(-\dfrac{7}{6}\pi\right)$

(2) $\cos\dfrac{17}{6}\pi$

(3) $\tan\left(-\dfrac{11}{6}\pi\right)$

(4) $\sin\left(-\dfrac{23}{6}\pi\right)+\tan\dfrac{13}{6}\pi+\cos\dfrac{11}{2}\pi+\tan\left(-\dfrac{25}{6}\pi\right)$

基本 例題 140

$y=\sin\theta$ のグラフをもとに，次の関数のグラフをかけ。また，その周期をいえ。

(1) $y=\sin\left(\theta-\dfrac{\pi}{2}\right)$

(2) $y=\dfrac{1}{2}\sin\theta$

(3) $y=\sin\dfrac{\theta}{2}$

練習 (基本) **140** 次の関数のグラフをかけ。また，その周期を求めよ。

(1) $y = \cos\left(\theta + \dfrac{\pi}{3}\right)$

(2) $y = \sin\theta + 2$

(3) $y = 2\tan\theta$

(4) $y = \cos 2\theta$

基本 例題 141

関数 $y=2\cos\left(\dfrac{\theta}{2}-\dfrac{\pi}{6}\right)$ のグラフをかけ。また，その周期を求めよ。

練習 (基本) **141**　次の関数のグラフをかけ。また，その周期を求めよ。

(1)　$y=2\cos(2\theta-\pi)$

(2)　$y=\dfrac{1}{2}\sin\left(\dfrac{\theta}{2}+\dfrac{\pi}{6}\right)$

２３．三角関数の応用

基本 例題 142

□ ▷ 解説動画

$0 \leqq \theta < 2\pi$ のとき，次の方程式を解け。また，その一般解を求めよ。

(1) $\sin\theta = -\dfrac{1}{2}$

(2) $\cos\theta = \dfrac{\sqrt{3}}{2}$

(3) $\tan\theta = -\sqrt{3}$

練習 (基本) **142** $0 \leqq \theta < 2\pi$ のとき，次の方程式を解け。また，その一般解を求めよ。

(1) $\sin\theta = \dfrac{\sqrt{3}}{2}$

(2)　$\sqrt{2}\cos\theta - 1 = 0$

(3)　$\sqrt{3}\tan\theta = -1$

(4)　$\sin\theta = -1$

(5)　$\cos\theta = 0$

(6)　$\tan\theta = 0$

基本 例題 143

$0 \leqq \theta < 2\pi$ のとき，次の不等式を解け。

(1)　$\sin\theta < -\dfrac{\sqrt{3}}{2}$

(2)　$\dfrac{1}{2} \leqq \cos\theta \leqq \dfrac{1}{\sqrt{2}}$

(3)　$\tan\theta \geqq \dfrac{1}{\sqrt{3}}$

練習 (基本) **143** $0 \leqq \theta < 2\pi$ のとき，次の不等式を解け。

(1) $\sqrt{2}\cos\theta > -1$

(2) $\dfrac{1}{2} \leqq \sin\theta \leqq \dfrac{\sqrt{3}}{2}$

(3) $\tan\theta \leqq \sqrt{3}$

18

基本 例題 144

$0 \leqq \theta < 2\pi$ のとき，次の方程式，不等式を解け。

(1) $\quad \sqrt{2} \sin\left(\theta + \dfrac{\pi}{6}\right) = 1$

(2) $\quad 2\cos\left(2\theta - \dfrac{\pi}{3}\right) \leqq -1$

練習 (基本) **144** $0 \leqq \theta < 2\pi$ のとき，次の方程式，不等式を解け。

(1) $\tan\left(\theta + \dfrac{\pi}{4}\right) = -\sqrt{3}$

(2) $\sin\left(\theta - \dfrac{\pi}{3}\right) < -\dfrac{1}{2}$

(3) $\sqrt{2}\cos\left(2\theta + \dfrac{\pi}{4}\right) > 1$

基本 例題 145

$0 \leqq \theta < 2\pi$ のとき，次の方程式，不等式を解け。

(1)　$2\cos^2\theta + \sin\theta - 1 = 0$

(2)　$2\sin^2\theta + 5\cos\theta - 4 > 0$

練習 (基本) 145　$0 \leqq \theta < 2\pi$ のとき，次の方程式，不等式を解け。

(1)　$2\cos^2\theta + \cos\theta - 1 = 0$

(2)　$2\cos^2\theta + 3\sin\theta - 3 = 0$

(3)　$2\cos^2\theta + \sin\theta - 2 \leqq 0$

(4)　$2\sin\theta\tan\theta = -3$

基本 例題 146

関数 $y = 4\sin^2\theta - 4\cos\theta + 1$ $(0 \leqq \theta < 2\pi)$ の最大値と最小値を求めよ。また，そのときの θ の値を求めよ。

練習 (基本) 146 関数 $y = \cos^2\theta + \sin\theta - 1$ $(0 \leqq \theta < 2\pi)$ の最大値と最小値を求めよ。また，そのときの θ の値を求めよ。

基 本 例題 147

□ ▶解説動画

$y = 2a\cos\theta + 2 - \sin^2\theta \ \left(-\dfrac{\pi}{2} \leqq \theta \leqq \dfrac{\pi}{2}\right)$ の最大値を a の式で表せ。

練習 (基本) **147** $y = \cos^2\theta + a\sin\theta$ $\left(-\dfrac{\pi}{3} \leqq \theta \leqq \dfrac{\pi}{4}\right)$ の最大値を a の式で表せ。

重要 例題 148　　　　　　　　　　　　　　　　　　　　　　□

θ の方程式 $\sin^2\theta + a\cos\theta - 2a - 1 = 0$ を満たす θ があるような定数 a の値の範囲を求めよ。

練習 (重要) **148** θ の方程式 $2\cos^2\theta + 2k\sin\theta + k - 5 = 0$ を満たす θ があるような定数 k の値の範囲を求めよ。

重要 例題 149　　　　　　　　　　　　　□

a は定数とする。θ に関する方程式 $\sin^2\theta - \cos\theta + a = 0$ について，次の問いに答えよ。ただし，$0 \leqq \theta < 2\pi$ とする。

(1)　この方程式が解をもつための a の条件を求めよ。

(2)　この方程式の解の個数を a の値の範囲によって調べよ。

練習 (重要) **149** θ に関する方程式 $2\cos^2\theta - \sin\theta - a - 1 = 0$ の解の個数を，定数 a の値の範囲によって調べよ。ただし，$0 \leqq \theta < 2\pi$ とする。

24. 加 法 定 理

基本 例題 150

加法定理を用いて，次の値を求めよ。

(1) $\sin 15°$

(2) $\tan 75°$

(3) $\cos \dfrac{\pi}{12}$

練習 (基本) **150** (1) $\cos(\alpha - \beta) = \cos\alpha\cos\beta + \sin\alpha\sin\beta$ を用いて，加法定理の他の公式が成り立つことを示せ。

(2) 加法定理を用いて，次の値を求めよ。

(ア) $\sin 105°$

(イ) $\cos 165°$

(ウ) $\tan \dfrac{7}{12}\pi$

基 本 例題 151

(1) $0<\alpha<\dfrac{\pi}{2}$，$\dfrac{\pi}{2}<\beta<\pi$，$\sin\alpha=\dfrac{4}{5}$，$\sin\beta=\dfrac{12}{13}$ のとき，$\sin(\alpha+\beta)$，$\cos(\alpha-\beta)$，

$\tan(\alpha-\beta)$ の値をそれぞれ求めよ。

31

(2)　$\sin\alpha-\sin\beta=\dfrac{5}{4}$, $\cos\alpha+\cos\beta=\dfrac{5}{4}$ のとき, $\cos(\alpha+\beta)$ の値を求めよ。

練習 (基本) **151**　(1)　α は鋭角, β は鈍角とする。$\tan\alpha=1$, $\tan\beta=-2$ のとき, $\tan(\alpha-\beta)$, $\cos(\alpha-\beta)$, $\sin(\alpha-\beta)$ の値をそれぞれ求めよ。

(2)　$2(\sin x-\cos y)=\sqrt{3}$, $\cos x-\sin y=\sqrt{2}$ のとき, $\sin(x+y)$ の値を求めよ。

基本 例題 152

(1) 2直線 $\sqrt{3}\,x-2y+2=0$, $3\sqrt{3}\,x+y-1=0$ のなす鋭角 θ を求めよ。

(2) 直線 $y=2x-1$ と $\dfrac{\pi}{4}$ の角をなす直線の傾きを求めよ。

練習 (基本) **152** (1) 2直線 $x+3y-6=0$, $x-2y+2=0$ のなす鋭角 θ を求めよ。

(2) 直線 $y=-x+1$ と $\dfrac{\pi}{3}$ の角をなし，点 $(1,\ \sqrt{3}\,)$ を通る直線の方程式を求めよ。

基本 例題 153

点 P$(3,\ 1)$ を，点 A$(1,\ 4)$ を中心として $\dfrac{\pi}{3}$ だけ回転させた点を Q とする。

(1)　点 A が原点 O に移るような平行移動により，点 P が点 P′ に移るとする。点 P′ を原点 O を中心

　　として $\dfrac{\pi}{3}$ だけ回転させた点 Q′ の座標を求めよ。

(2)　点 Q の座標を求めよ。

練習 (基本) **153** (1) 点 P$(-2,\ 3)$ を，原点を中心として $\dfrac{5}{6}\pi$ だけ回転させた点 Q の座標を求めよ。

(2) 点 P$(3,\ -1)$ を，点 A$(-1,\ 2)$ を中心として $-\dfrac{\pi}{3}$ だけ回転させた点 Q の座標を求めよ。

２５．加法定理の応用

基本 例題 154

☐ ▷解説動画

(1) $\dfrac{\pi}{2} < \theta < \pi$, $\sin\theta = \dfrac{3}{5}$ のとき, $\cos 2\theta$, $\sin 2\theta$, $\tan\dfrac{\theta}{2}$ の値を求めよ。

(2) $t = \tan\dfrac{\theta}{2}$ $(t \neq \pm 1)$ のとき, 次の等式が成り立つことを証明せよ。

$$\sin\theta = \frac{2t}{1+t^2}, \quad \cos\theta = \frac{1-t^2}{1+t^2}, \quad \tan\theta = \frac{2t}{1-t^2}$$

練習 (基本) **154** (1) $0 < \alpha < \pi$, $\cos\alpha = \dfrac{5}{13}$ のとき, 2α, $\dfrac{\alpha}{2}$ の正弦, 余弦, 正接の値を求めよ。

(2) $\tan\dfrac{\theta}{2} = \dfrac{1}{2}$ のとき, $\cos\theta$, $\tan\theta$, $\tan 2\theta$ の値を求めよ。

38

基本 例題 155

$0 \leqq \theta < 2\pi$ のとき，次の方程式，不等式を解け。

(1) $\sin 2\theta = \cos \theta$

(2) $\cos 2\theta - 3\cos \theta + 2 \geqq 0$

練習 (基本) **155**　$0 \leqq \theta < 2\pi$ のとき，次の方程式，不等式を解け。

(1)　$\sin 2\theta - \sqrt{2}\sin\theta = 0$

(2)　$\cos 2\theta + \cos\theta + 1 = 0$

(3)　$\cos 2\theta - \sin\theta \leqq 0$

基本 例題 156

解説動画

半径 1 の円に内接する正五角形 ABCDE の 1 辺の長さを a とし，$\theta = \dfrac{2}{5}\pi$ とする。

(1) 等式 $\sin 3\theta + \sin 2\theta = 0$ が成り立つことを証明せよ。

(2) $\cos\theta$ の値を求めよ。

(3) a の値を求めよ。

(4) 線分 AC の長さを求めよ。

練習 (基本) **156** (1) $\theta = 36°$ のとき，$\sin 3\theta = \sin 2\theta$ が成り立つことを示し，$\cos 36°$ の値を求めよ。

(2) $\theta = 18°$ のとき，$\sin 2\theta = \cos 3\theta$ が成り立つことを示し，$\sin 18°$ の値を求めよ。

重要 例題 157　□

円周率 π に関して，次の不等式が成り立つことを証明せよ。ただし，$\pi = 3.14\cdots\cdots$ は使用しないこととする。

$$3\sqrt{6} - 3\sqrt{2} < \pi < 24 - 12\sqrt{3}$$

練習 (重要) **157** ∠C を直角とする直角三角形 ABC に対して，∠A の二等分線と線分 BC の交点を D とする。また，AD＝5，DC＝3，CA＝4 であるとき，∠A＝θ とおく。

(1) $\sin\theta$ の値を求めよ。

(2) $\theta < \dfrac{5}{12}\pi$ を示せ。ただし，$\sqrt{2}=1.414\cdots$，$\sqrt{3}=1.732\cdots$ を用いてもよい。

２６．三角関数の和と積の公式

基 本 例題 158

解説動画

(1) 積 ⟶ 和，和 ⟶ 積の公式を用いて，次の値を求めよ。

　（ア）　$\sin 75° \cos 15°$

　（イ）　$\sin 75° + \sin 15°$

　（ウ）　$\cos 20° \cos 40° \cos 80°$

(2)　△ABC において，次の等式が成り立つことを証明せよ。

$$\sin A + \sin B + \sin C = 4\cos \frac{A}{2} \cos \frac{B}{2} \cos \frac{C}{2}$$

45

練習 (基本) **158** (1) 積 → 和，和 → 積の公式を用いて，次の値を求めよ。

(ア) $\cos 45° \sin 75°$

(イ) $\cos 105° - \cos 15°$

(ウ) $\sin 20° \sin 40° \sin 80°$

(2) △ABC において，次の等式が成り立つことを証明せよ。
$$\cos A + \cos B - \cos C = 4\cos\frac{A}{2}\cos\frac{B}{2}\sin\frac{C}{2} - 1$$

基 本 例題 159

$0 \leqq \theta \leqq \pi$ のとき，次の方程式を解け。

$$\sin 2\theta + \sin 3\theta + \sin 4\theta = 0$$

練習 (基本) **159** $0 \leqq \theta \leqq \dfrac{\pi}{2}$ のとき，次の方程式を解け。

$$\cos\theta + \sqrt{3}\cos 4\theta + \cos 7\theta = 0$$

２７．三角関数の合成

基 本 例題 160

次の式を $r\sin(\theta+\alpha)$ の形に変形せよ。ただし，$r>0$，$-\pi<\alpha\leqq\pi$ とする。

(1) $\sqrt{3}\cos\theta-\sin\theta$

(2) $\sin\theta-\cos\theta$

(3) $2\sin\theta+3\cos\theta$

練習 (基本) 160 次の式を $r\sin(\theta+\alpha)$ の形に変形せよ。ただし，$r>0$，$-\pi<\alpha\leqq\pi$ とする。

(1) $\cos\theta-\sqrt{3}\sin\theta$

(2) $\dfrac{1}{2}\sin\theta-\dfrac{\sqrt{3}}{2}\cos\theta$

(3) $4\sin\theta + 7\cos\theta$

基本 例題 161

$0 \leqq \theta \leqq \pi$ のとき，次の方程式，不等式を解け。

(1) $\sqrt{3}\sin\theta + \cos\theta + 1 = 0$

(2) $\cos2\theta + \sin2\theta + 1 > 0$

練習 (基本) **161**　$0 \leqq \theta < 2\pi$ のとき，次の方程式，不等式を解け。

(1)　$\sin\theta + \sqrt{3}\cos\theta = \sqrt{3}$

(2)　$\cos 2\theta - \sqrt{3}\sin 2\theta - 1 > 0$

基本 例題 162　

次の関数の最大値と最小値を求めよ。また，そのときの θ の値を求めよ。ただし，$0 \leqq \theta \leqq \pi$ とする。

(1)　$y = \cos\theta - \sin\theta$

(2) $y = \sin\left(\theta + \dfrac{5}{6}\pi\right) - \cos\theta$

練習 (基本) **162** 次の関数の最大値と最小値を求めよ。また，そのときの θ の値を求めよ。ただし，$0 \leqq \theta \leqq \pi$ とする。

(1) $y = \sin\theta - \sqrt{3}\cos\theta$

(2) $y = \sin\left(\theta - \dfrac{\pi}{3}\right) + \sin\theta$

基本 例題 163

関数 $f(\theta) = \sin 2\theta + 2(\sin\theta + \cos\theta) - 1$ を考える。ただし，$0 \leqq \theta < 2\pi$ とする。

(1) $t = \sin\theta + \cos\theta$ とおくとき，$f(\theta)$ を t の式で表せ。

(2) t のとりうる値の範囲を求めよ。

(3) $f(\theta)$ の最大値と最小値を求め，そのときの θ の値を求めよ。

練習 (基本) **163** $0 \leqq \theta \leqq \pi$ のとき

(1) $t = \sin\theta - \cos\theta$ のとりうる値の範囲を求めよ。

(2) 関数 $y = \cos\theta - \sin 2\theta - \sin\theta + 1$ の最大値と最小値を求めよ。

基 本 例題 164

$0 \leqq \theta \leqq \dfrac{\pi}{2}$ のとき，関数 $y = \sqrt{3}\sin\theta\cos\theta + \cos^2\theta$ の最大値と最小値を求めよ。また，そのときの

θ の値を求めよ。

練習（基本）**164** 関数 $y = \cos^2\theta - 2\sin\theta\cos\theta + 3\sin^2\theta$ $\left(0 \leqq \theta \leqq \dfrac{\pi}{2}\right)$ の最大値と最小値を求めよ。また，そのときの θ の値を求めよ。

重要 **例題 165** □ ▶ 解説動画

実数 x, y が $x^2 + y^2 = 1$ を満たすとき，$3x^2 + 2xy + y^2$ の最大値は ${}^{\text{ア}}\boxed{}$，最小値は ${}^{\text{イ}}\boxed{}$ である。

練習 (重要) **165** 平面上の点 P(x, y) が単位円周上を動くとき，$15x^2 + 10xy - 9y^2$ の最大値と，最大値を与える点 P の座標を求めよ。

重要 例題 166

次の連立不等式の表す領域を図示せよ。

$$|x| \leqq \pi, \quad |y| \leqq \pi, \quad \sin(x+y) - \sqrt{3}\cos(x+y) \geqq 1$$

練習 (重要) **166** 次の等式または不等式を満たす点 (x, y) 全体の集合を xy 平面上に図示せよ。ただし，$|x|<\pi$，$|y|<\pi$ とする。

(1)　$\sin x + \sin y = 0$

(2)　$\sin(x-y) + \cos(x-y) > 1$

重|要 **例題 167**

△ABC において，辺 BC，CA，AB の長さをそれぞれ a，b，c とする。△ABC が半径 1 の円に内接し，$\angle A = \dfrac{\pi}{3}$ であるとき，$a+b+c$ の最大値を求めよ。

練習 (重要) 167　△ABC において，辺 AB，AC の長さをそれぞれ c，b，∠A，∠B，∠C の大きさをそれぞれ A，B，C で表す。

(1)　$C=3B$ であるとき，$c<3b$ であることを示せ。

(2)　$\cos C = \sin^2 \dfrac{A+B}{2} - \cos^2 \dfrac{A+B}{2}$ であることを示せ。

(3)　$A=B$ のとき，$\cos A + \cos B + \cos C$ の最大値を求めよ。また，そのときの A，B，C の値を求めよ。

重要 例題 168

点 P は円 $x^2+y^2=4$ 上の第 1 象限を動く点であり，点 Q は円 $x^2+y^2=16$ 上の第 2 象限を動く点である。ただし，原点 O に対して，常に $\angle POQ=90°$ であるとする。また，点 P から x 軸に垂線 PH を下ろし，点 Q から x 軸に垂線 QK を下ろす。更に $\angle POH=\theta$ とする。このとき，$\triangle QKH$ の面積 S は $\tan\theta=\overset{ア}{\boxed{}}$ のとき，最大値 $\overset{イ}{\boxed{}}$ をとる。

練習 (重要) **168** O を原点とする座標平面上に点 A $(-3, 0)$ をとり，$0° < \theta < 120°$ の範囲にある θ に対して，次の条件 (a), (b) を満たす 2 点 B, C を考える。

(a) B は $y > 0$ の部分にあり，OB = 2 かつ $\angle AOB = 180° - \theta$ である。

(b) C は $y < 0$ の部分にあり，OC = 1 かつ $\angle BOC = 120°$ である。ただし，$\triangle ABC$ は O を含むものとする。

(1) $\triangle OAB$ と $\triangle OAC$ の面積が等しいとき，θ の値を求めよ。

(2) θ を $0° < \theta < 120°$ の範囲で動かすとき，$\triangle OAB$ と $\triangle OAC$ の面積の和の最大値と，そのときの $\sin \theta$ の値を求めよ。

28. 指数の拡張

基本 例題 169

□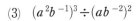

次の計算をせよ。ただし，$a>0$，$b>0$ とする。

(1) $4^5 \times 2^{-8} \div 8^{-2}$

(2) $(a^{-1})^3 \times a^7 \div a^2$

(3) $(a^2 b^{-1})^3 \div (ab^{-2})^2$

(4) $\sqrt[3]{9} \times \sqrt[3]{81}$

(5) $\sqrt[3]{5} \div \sqrt[12]{5} \times \sqrt[8]{25}$

(6) $\sqrt[3]{54} + \sqrt[3]{-250} - \sqrt[3]{-16}$

(7) $\dfrac{\sqrt[3]{a^4}}{\sqrt{b}} \times \dfrac{\sqrt[3]{b}}{\sqrt[3]{a^2}} \times \sqrt[3]{a\sqrt{b}}$

練習 (基本) **169** 次の計算をせよ。

(1) $\left(\dfrac{27}{8}\right)^{-\frac{4}{3}}$

(2) $0.09^{1.5}$

(3) $\sqrt{\sqrt[3]{64}}$

(4) $\sqrt{2} \div \sqrt[4]{4} \times \sqrt[12]{32} \div \sqrt[6]{2}$

(5) $\dfrac{\sqrt[3]{2}\,\sqrt{3}}{\sqrt[6]{6}\,\sqrt[3]{1.5}}$

(6) $\sqrt[3]{24}+\dfrac{4}{3}\sqrt[6]{9}+\sqrt[3]{-\dfrac{1}{9}}$

基本 例題 170

$\square$ 解説動画

(1) $a>0$, $b>0$ とする。次の式を計算せよ。

(ア) $(\sqrt[3]{a}+\sqrt[6]{b})(\sqrt[3]{a}-\sqrt[6]{b})(\sqrt[3]{a^4}+\sqrt[3]{a^2b}+\sqrt[3]{b^2})$

(イ) $\left(a^{\frac{1}{2}}+b^{-\frac{1}{2}}\right)\left(a^{\frac{1}{4}}+b^{-\frac{1}{4}}\right)\left(a^{\frac{1}{4}}-b^{-\frac{1}{4}}\right)$

(2) $a>0$, $a^{\frac{1}{3}}+a^{-\frac{1}{3}}=\sqrt{7}$ のとき, $a+a^{-1}$ の値を求めよ。

練習 (基本) **170** (1) 次の式を計算せよ。ただし, $a>0$, $b>0$ とする。

(ア) $(\sqrt[4]{2}+\sqrt[4]{3})(\sqrt[4]{2}-\sqrt[4]{3})(\sqrt{2}+\sqrt{3})$

(イ) $\left(a^{\frac{1}{2}}+b^{\frac{1}{2}}\right)^2+\left(a^{\frac{1}{2}}-b^{\frac{1}{2}}\right)^2$

(ウ) $\left(a^{\frac{1}{6}}-b^{\frac{1}{6}}\right)\left(a^{\frac{1}{6}}+b^{\frac{1}{6}}\right)\left(a^{\frac{2}{3}}+a^{\frac{1}{3}}b^{\frac{1}{3}}+b^{\frac{2}{3}}\right)$

(2) $x>0$, $x^{\frac{1}{2}}+x^{-\frac{1}{2}}=\sqrt{5}$ のとき, $x+x^{-1}$, $x^{\frac{3}{2}}+x^{-\frac{3}{2}}$ の値をそれぞれ求めよ。

29. 指 数 関 数

基本 例題 171　　　　　　　　　　　　　　　　　　　　　□ ▶ 解説動画

次の関数のグラフをかけ。また，関数 $y=3^x$ のグラフとの位置関係をいえ。

(1)　$y=9 \cdot 3^x$

(2)　$y=3^{-x+1}$

(3)　$y=3-9^{\frac{x}{2}}$

練習 (基本) **171**　次の関数のグラフをかけ。また，関数 $y=2^x$ のグラフとの位置関係をいえ。

(1)　$y=-2^x$

(2)　$y = \dfrac{2^x}{8}$

(3)　$y = 4^{-\frac{x}{2}+1}$

基本 例題 172

解説動画

次の各組の数の大小を不等号を用いて表せ。

(1)　$2^{\frac{1}{2}}$,　$4^{\frac{1}{4}}$,　$8^{\frac{1}{8}}$

(2)　$\sqrt[3]{\dfrac{1}{25}}$,　$\dfrac{1}{\sqrt{5}}$,　$\sqrt[4]{\dfrac{1}{125}}$

(3)　$\sqrt{2}$,　$\sqrt[3]{3}$,　$\sqrt[6]{6}$

練習 (基本) **172** 次の各組の数の大小を不等号を用いて表せ。

(1) $3,\ \sqrt{\dfrac{1}{3}},\ \sqrt[3]{3},\ \sqrt[4]{27}$

(2) $2^{30},\ 3^{20},\ 10^{10}$

基本 例題 173

次の方程式，連立方程式を解け。

(1) $3^{x+2}=27$

(2) $4^{x}-2^{x+2}-32=0$

(3) $\begin{cases} 3^{2x}-3^{y}=-6 \\ 3^{2x+y}=27 \end{cases}$

練習 (基本) **173** 次の方程式，連立方程式を解け。

(1) $16^{2-x} = 8^x$

(2) $27^x - 4 \cdot 9^x + 3^{x+1} = 0$

(3) $\begin{cases} 3^{y-1} - 2^x = 19 \\ 4^x + 2^{x+1} - 3^y = -1 \end{cases}$

基本 例題 174

次の不等式を解け。

(1) $\left(\dfrac{1}{2}\right)^{2x+2} < \left(\dfrac{1}{16}\right)^{x-1}$

(2) $2 \cdot 4^x - 17 \cdot 2^x + 8 < 0$

(3) $25^x - 3 \cdot 5^x - 10 \geqq 0$

練習 (基本) **174** 次の不等式を解け。

(1) $\dfrac{1}{\sqrt{3}} < \left(\dfrac{1}{3}\right)^x < 9$

(2) $2^{4x} - 4^{x+1} > 0$

(3) $\left(\dfrac{1}{4}\right)^x - 9\left(\dfrac{1}{2}\right)^{x-1} + 32 \leqq 0$

基本 例題 175

(1) 関数 $y = 4^{x+1} - 2^{x+2} + 2 \ (x \leqq 2)$ の最大値と最小値を求めよ。
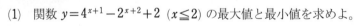

(2) 関数 $y=6(2^x+2^{-x})-2(4^x+4^{-x})$ について，$2^x+2^{-x}=t$ とおくとき，y を t を用いて表せ。また，y の最大値を求めよ。

練習 (基本) **175** (1) 次の関数の最大値と最小値を求めよ。

(ア) $y=\left(\dfrac{3}{4}\right)^x$ $(-1\leqq x\leqq 2)$

(イ) $y=4^x-2^{x+2}$ $(-1\leqq x\leqq 3)$

(2) $a>0$，$a\neq 1$ とする。関数 $y=a^{2x}+a^{-2x}-2(a^x+a^{-x})+2$ について，$a^x+a^{-x}=t$ とおく。y を t を用いて表し，y の最小値を求めよ。

３０．対数とその性質

基本 例題 176

□ ▷ 解説動画

(1) 次の対数の値を求めよ。

(ア) $\log_3 81$

(イ) $\log_{10} \dfrac{1}{1000}$

(ウ) $\log_{\frac{1}{3}} \sqrt{243}$

(2) 次の式を簡単にせよ。

(ア) $\log_2 \dfrac{4}{5} + 2\log_2 \sqrt{10}$

(イ) $\log_3 \sqrt{12} + \log_3 \dfrac{3}{2} - \dfrac{3}{2}\log_3 \sqrt[3]{3}$

練習 (基本) **176** (1) 次の (ア)〜(ウ) の対数の値を求めよ。また，(エ) の □ をうめよ。

(ア) $\log_2 64$

(イ) $\log_{\frac{1}{2}} 8$

(ウ) $\log_{0.01} 10\sqrt{10}$

(エ) $\log_{\sqrt{3}} \boxed{} = -4$

(2) 次の式を簡単にせよ。

(ア) $\log_{0.2} 125$

(イ) $\log_6 12 + \log_6 3$

(ウ) $\log_3 18 - \log_3 2$

(エ) $6\log_2 \sqrt[3]{10} - 2\log_2 5$

(オ) $\dfrac{1}{2}\log_{10}\dfrac{5}{6} + \log_{10}\sqrt{7.5} + \dfrac{1}{2}\log_{10}1.6$

基本 例題 177

□

次の式を簡単にせよ。

(1) $(\log_2 9 + \log_4 3)\log_3 4$

(2) $(\log_3 25 + \log_9 5)(\log_5 9 + \log_{25} 3)$

練習 (基本) **177** 次の式を簡単にせよ。

(1) $\log_2 27 \cdot \log_3 64 \cdot \log_{25}\sqrt{125} \cdot \log_{27} 81$

(2) $(\log_2 9 + \log_8 3)(\log_3 16 + \log_9 4)$

(3) $(\log_5 3 + \log_{25} 9)(\log_9 5 - \log_3 25)$

基本 例題 178

(1) $\log_2 3 = a$, $\log_3 5 = b$ のとき, $\log_2 10$ と $\log_{15} 40$ を a, b で表せ。

(2) $\log_x a = \dfrac{1}{3}$, $\log_x b = \dfrac{1}{8}$, $\log_x c = \dfrac{1}{24}$ のとき, $\log_{abc} x$ の値を求めよ。

(3) a, b, c を 1 でない正の数とし，$\log_a b = \alpha$，$\log_b c = \beta$，$\log_c a = \gamma$ とする。

このとき，$\alpha\beta + \beta\gamma + \gamma\alpha = \dfrac{1}{\alpha} + \dfrac{1}{\beta} + \dfrac{1}{\gamma}$ が成り立つことを証明せよ。

練習 (基本) **178** (1) $\log_3 2 = a$，$\log_5 4 = b$ とするとき，$\log_{15} 8$ を a, b を用いて表せ。

(2) a, b を 1 でない正の数とし，$A = \log_2 a$，$B = \log_2 b$ とする。a, b が $\log_a 2 + \log_b 2 = 1$，$\log_{ab} 2 = -1$，$ab \neq 1$ を満たすとき，A, B の値を求めよ。

基本 例題 179

(1) $9^{\log_3 5}$ の値を求めよ。

(2) $2^x = 3^y = 6^z$ $(xyz \neq 0)$ のとき,$\dfrac{1}{x} + \dfrac{1}{y} - \dfrac{1}{z}$ の値を求めよ。

練習 (基本) **179** (1) 次の値を求めよ。

(ア) $16^{\log_2 3}$

(イ) $\left(\dfrac{1}{49}\right)^{\log_7 \frac{2}{3}}$

(2) $3^x = 5^y = \sqrt{15}$ のとき,$\dfrac{1}{x} + \dfrac{1}{y}$ の値を求めよ。

３１．対 数 関 数

基 本 例題 180

次の関数のグラフをかけ。また，関数 $y=\log_4 x$ のグラフとの位置関係をいえ。

(1)　$y=\log_4(x+3)$

(2)　$y=\log_{\frac{1}{4}} x$

(3)　$y=\log_4(4x-8)$

練習 (基本) **180**　次の関数のグラフをかけ。また，関数 $y=\log_3 x$ のグラフとの位置関係をいえ。

(1)　$y=\log_3(x-2)$

(2)　$y = \log_3 \dfrac{1}{x}$

(3)　$y = \log_3 \dfrac{x-1}{9}$

基本 例題 181

次の各組の数の大小を不等号を用いて表せ。

(1)　$1.5,\ \log_3 5$

(2)　$2,\ \log_4 9,\ \log_2 5$

(3)　$\log_{0.5} 3,\ \log_{0.5} 2,\ \log_3 2,\ \log_5 2$

練習 (基本) **181**　次の各組の数の大小を不等号を用いて表せ。

(1)　$\log_2 3$，$\log_2 5$

(2)　$\log_{0.3} 3$，$\log_{0.3} 5$

(3)　$\log_{0.5} 4$，$\log_2 4$，$\log_3 4$

基本 例題 182

次の方程式を解け。

(1)　$\log_3 x + \log_3 (x-2) = 1$

(2)　$\log_2 (x^2 + 5x + 2) - \log_2 (2x + 3) = 2$

(3)　$\log_2 (x+2) = \log_4 (5x+16)$

練習 (基本) **182**　次の方程式を解け。

(1)　$\log_3(x-2) + \log_3(2x-7) = 2$

(2)　$\log_2(x^2 - x - 18) - \log_2(x-1) = 3$

(3)　$\log_4(x+2) + \log_{\frac{1}{2}} x = 0$

基本 例題 183　　　　　　　　　　　　　　　　　　　　□

次の方程式を解け。

(1)　$(\log_3 x)^2 - 2\log_3 x = 3$

(2) $\log_2 x + 6\log_x 2 = 5$

練習 (基本) **183** 次の方程式を解け。

(1) $2(\log_2 x)^2 + 3\log_2 x = 2$

(2) $\log_3 x - \log_x 81 = 3$

基 本 例題 184

次の不等式を解け。

(1) $\log_{0.3}(2-x) \geqq \log_{0.3}(3x+14)$

(2) $\log_2(x-2) < 1 + \log_{\frac{1}{2}}(x-4)$

(3) $(\log_2 x)^2 - \log_2 4x > 0$

練習 (基本) **184** 次の不等式を解け。

(1) $\log_2(x-1) + \log_{\frac{1}{2}}(3-x) \leqq 0$

(2) $\log_3(x-1) + \log_3(x+2) \leqq 2$

(3) $2 - \log_{\frac{1}{3}} x > (\log_3 x)^2$

重要 例題 185 　　　　　　　　　　　　　　　　　　　□ 解説動画

不等式 $2 + \log_{\sqrt{y}} 3 < \log_y 81 + 2\log_y \left(1 - \dfrac{x}{2} \right)$ の表す領域を図示せよ。

練習 (重要) **185** (1) 不等式 $\log_4 x^2 - \log_x 64 \leqq 1$ を解け。

(2) $0 < x < 1$, $0 < y < 1$ とする。不等式 $\log_x y + 2\log_y x - 3 > 0$ を満たす点 $(x,\ y)$ の存在範囲を図示せよ。

基本 例題 186

$1 \leqq x \leqq 8$ のとき，関数 $y = (\log_2 x)^2 + 8\log_{\frac{1}{4}} 2x + \log_2 32$ の最大値と最小値を求めよ。

練習 (基本) **186** (1) 関数 $y=\log_2(x-2)+2\log_4(3-x)$ の最大値を求めよ。

(2) $1\leqq x\leqq 5$ のとき，関数 $y=2\log_5 x+(\log_5 x)^2$ の最大値と最小値を求めよ。

(3) $\dfrac{1}{3}\leqq x\leqq 27$ のとき，関数 $y=(\log_3 3x)\left(\log_3\dfrac{x}{27}\right)$ の最大値と最小値を求めよ。

基本 例題 187 □ ▶解説動画

$x \geqq 2$, $y \geqq 2$, $xy = 16$ のとき, $(\log_2 x)(\log_2 y)$ の最大値と最小値を求めよ。また, そのときの x, y の値を求めよ。

練習 (基本) 187 $x \geqq 3$, $y \geqq \dfrac{1}{3}$, $xy = 27$ のとき, $(\log_3 x)(\log_3 y)$ の最大値と最小値を求めよ。

３２．常 用 対 数

基本 例題 188

$\log_{10}2 = 0.3010$，$\log_{10}3 = 0.4771$ とする。

(1) $\log_{10}5$，$\log_{10}0.006$，$\log_{10}\sqrt{72}$ の値をそれぞれ求めよ。

(2) 6^{50} は何桁の整数か。

(3) $\left(\dfrac{2}{3}\right)^{100}$ を小数で表すと，小数第何位に初めて 0 でない数字が現れるか。

練習 (基本) 188 $\log_{10}2 = 0.3010$，$\log_{10}3 = 0.4771$ とする。15^{10} は $^{ア}\boxed{}$ 桁の整数であり，$\left(\dfrac{3}{5}\right)^{100}$ は小数第 $^{イ}\boxed{}$ 位に初めて 0 でない数字が現れる。

基本 例題 189

$\log_{10} 3 = 0.4771$ とする。

(1) 3^n が 10 桁の数となる最小の自然数 n の値を求めよ。

(2) 3 進法で表すと 100 桁の自然数 N を，10 進法で表すと何桁の数になるか。

練習 (基本) **189** $\log_{10} 2 = 0.3010$, $\log_{10} 3 = 0.4771$ とする。

(1) $\left(\dfrac{5}{8}\right)^n$ を小数で表すとき，小数第 3 位に初めて 0 でない数字が現れるような自然数 n は何個あるか。

(2) $\log_3 2$ の値を求めよ。ただし，小数第 3 位を四捨五入せよ。また，この結果を利用して，4^{10} を 9 進法で表すと何桁の数になるか求めよ。

基本 例題 190

A 町の人口は近年減少傾向にある。現在のこの町の人口は前年同時期の人口と比べて 4 ％減少したという。毎年この比率と同じ比率で減少すると仮定した場合，初めて人口が現在の半分以下になるのは何年後か。答えは整数で求めよ。ただし，$\log_{10} 2 = 0.3010$，$\log_{10} 3 = 0.4771$ とする。

練習 (基本) **190**　光があるガラス板1枚を通過するごとに，その光の強さが $\dfrac{1}{9}$ だけ失われるものとする。当てた光の強さを1とし，この光が n 枚重ねたガラス板を通過してきたときの強さを x とする。

(1)　x を n で表せ。

(2)　x の値が当てた光の $\dfrac{1}{100}$ より小さくなるとき，最小の整数 n の値を求めよ。ただし，

　　$\log_{10} 2 = 0.301$，$\log_{10} 3 = 0.477$ とする。

基 本 例題 **191**

12^{60} は ⁷ □ 桁の整数である。また，その最高位の数は ⁴ □ で，一の位の数は ⁿ □ である。ただし，$\log_{10} 2 = 0.3010$，$\log_{10} 3 = 0.4771$ とする。

練習 (基本) **191** 自然数 n が不等式 $38 \leqq \log_{10} 8^n < 39$ を満たすとする。このとき，8^n は $^{\text{ア}}\boxed{}$ 桁 の自然数で，n の値は $n = {}^{\text{イ}}\boxed{}$ である。また，8^n の一の位の数は $^{\text{ウ}}\boxed{}$ で，最高位の数は $^{\text{エ}}\boxed{}$ である。ただし，$\log_{10} 2 = 0.3010$，$\log_{10} 3 = 0.4771$，$\log_{10} 7 = 0.8451$ とする。

３３．関連発展問題

演習 例題 192

(1) $3^x = 5$ を満たす x は無理数であることを示せ。

(2) $3^x 5^{-2y} = 5^x 3^{y-6}$ を満たす有理数 x, y を求めよ。

練習 (演習) **192** 等式 $20^x = 10^{y+1}$ を満たす有理数 x, y を求めよ。

演習 例題 193

a は定数とする。x の方程式 $4^{x+1}-2^{x+4}+5a+6=0$ が異なる 2 つの正の解をもつような a の値の範囲を求めよ。

練習 (演習) **193**　a は定数とする。x の方程式 $2\left(\dfrac{2}{3}\right)^x + 3\left(\dfrac{3}{2}\right)^x + a - 5 = 0$ が異なる 2 つの実数解をもつような a の値の範囲を求めよ。

演 習 例題 194

a は定数とする。x の方程式 $\{\log_2(x^2+\sqrt{2}\,)\}^2-2\log_2(x^2+\sqrt{2}\,)+a=0$ の実数解の個数を求めよ。

練習 (演習) **194** a, b は定数とする。x の方程式 $\{\log_2(x^2+1)\}^2 - a\log_2(x^2+1) + a + b = 0$ が異なる 2 つの実数解をもつような点 (a, b) 全体の集合を，座標平面上に図示せよ。